BEI GRIN MACHT SICH IHR WISSEN BEZAHLT

- Wir veröffentlichen Ihre Hausarbeit, Bachelor- und Masterarbeit

- Ihr eigenes eBook und Buch - weltweit in allen wichtigen Shops

- Verdienen Sie an jedem Verkauf

Jetzt bei www.GRIN.com hochladen und kostenlos publizieren

Wir spiegeln Figuren am Geobrett (Mathematik, 3. Klasse)

Christa Lenz

Bibliografische Information der Deutschen Nationalbibliothek:

Die Deutsche Nationalbibliothek verzeichnet diese Publikation in der Deutschen Nationalbibliografie; detaillierte bibliografische Daten sind im Internet über http://dnb.d-nb.de abrufbar.

ISBN: 9783668177024
Dieses Buch ist auch als E-Book erhältlich.

© GRIN Publishing GmbH
Nymphenburger Straße 86
80636 München

Alle Rechte vorbehalten

Druck und Bindung: Books on Demand GmbH, Norderstedt Germany
Gedruckt auf säurefreiem Papier aus verantwortungsvollen Quellen

Das vorliegende Werk wurde sorgfältig erarbeitet. Dennoch übernehmen Autoren und Verlag für die Richtigkeit von Angaben, Hinweisen, Links und Ratschlägen sowie eventuelle Druckfehler keine Haftung.

Das Buch bei GRIN: https://www.grin.com/document/318055

Schriftliche Unterrichtsplanung zum 1. Unterrichtsbesuch

im Fach Mathematik

Thema der Unterrichtsreihe

„Wir arbeiten am Geobrett"
Die SuS[1] machen handlungsorientierte Erfahrungen mit ebenen Figuren und Achsensymmetrie am Geobrett.

Thema der Unterrichtsstunde

„Wir spiegeln Figuren am Geobrett."
Die SuS spiegeln eine vorgegebene Form auf ihrem Geobrett und beschreiben sowie begründen dabei ihre Vorgehensweise. Anschließend werden mit Anwendung dieser „Tipps" Figuren in Partnerarbeit gespiegelt und überprüft.

---

[1] SuS= Schülerinnen und Schüler, diese Abkürzung soll im Folgenden vorgenommen werden

❖ **Einbettung der Stunde in die Unterrichtsreihe**

Zentrale Absichten der Unterrichtsreihe

- Umgang mit dem Geobrett kennenlernen
- Wiederholung von ebenen Grundformen/ Figuren
- Eigenschaften achsensymmetrischer Figuren kennenlernen und diese für die Identifizierung achsensymmetrischer Figuren nutzen
- Entwickeln von Strategien zum Vervollständigen, Zeichnen und Spiegeln achsensymmetrischer Figuren
- Vorgehensweisen und Überlegungen dokumentieren und Mitschülern darlegen
- Förderung des räumlichen Vorstellungsvermögens
- Sprachförderung und Festigung geometrischer Fachbegriffe

Stunde	Thema	Zentrale Absicht
1.	Wir lernen das „Geobrett" kennen. – Kennen lernen des Arbeitsmediums „Geobrett" durch Erforschen und Bestimmen der Eigenschaften, indem frei experimentiert werden darf und bekannte geometrische Formen gespannt und verglichen werden sollen. Wichtige Begriffe werden auf einem Wortspeicherplakat festgehalten und im weiteren Reihenverlauf ergänzt. 24.09.2014	Die SuS sollen Möglichkeiten im Umgang mit dem Geobrett entdecken und dadurch die Arbeitstechnik mit dem Geobrett kennen lernen.
2.	Wir spannen ebene Figuren auf dem Geobrett. – Die SuS spannen ebene Figuren, benennen diese und erproben anschließend diese auf ein Punktefeld zu übertragen. 25.09.2014	Die SuS aktivieren ihr Vorwissen und festigen ihre Formenkenntnisse, indem sie die ihnen bekannten gespannten Figuren begrifflich korrekt benennen und zeichnerisch übertragen.
3	Wir erkunden mit Faltschnitten achsensymmetrische Figuren. – Die SuS lernen Faltschnitte kennen und erforschen ihre Besonderheiten. Anschließend werden Faltschnitte ihren passenden aufgeklappten Figuren zugeordnet sowie gezeichnet. 29.09.2014	Die SuS erfahren und benennen die Eigenschaften von Symmetrie, zugleich wird ihr räumliches Vorstellungsvermögen gefördert.

4	Wir spiegeln Figuren am Geobrett. - Die SuS spiegeln mit ihrem Geobrett eine vorgegebene Form und verfassen hierzu „Tipps" zum Spiegeln auf dem Geobrett. Anschließend werden mit Anwendung der „Tipps" Figuren in Partnerarbeit gespiegelt und überprüft. 30.09.2014		Die SuS sollen ihrem Leistungsniveau entsprechend Achsensymmetrie am Geobrett anwenden und ihre Vorgehensweise beim Spiegeln beschreiben und begründen können.
5	Wir spiegeln Figuren am Geobrett. - Die SuS entdecken verschiedene Symmetrieachsen auf ihrem eigenen Geobrett und spiegeln anschließend vorgegebene komplexere Figuren.		Die SuS festigen ihre Kenntnisse bezüglich der Achsensymmetrie, indem sie geometrische Figuren auf dem Geobrett spiegeln und dabei eine Spiegelachse auf dem eigenen Brett verwendet wird.
6	Spiegelmemory: Das können wir schon! - Die SuS stellen selbst ein Spiegelmemory her und testen dieses.		Die SuS sollen die Inhalte der Reihe wiederholen und festigen.

❖ **Zentrale Absicht der Stunde und Lernchancen**

Meine Absicht

Ich gebe den SuS die Chance, ihrem Leistungsniveau entsprechend Achsensymmetrie am Geobrett anzuwenden und ihre Vorgehensweise beim Spiegeln beschreiben und begründen zu können.

Im Sinne meiner formulierten Absicht eröffne ich folgende Lernchancen:

Auf der Ebene der Sacherfahrungen
Die SuS haben die Chance,
- ihr Wissen über charakteristische Merkmale achsensymmetrischer Figuren auf dem Geobrett anzuwenden und für die Identifizierung achsensymmetrischer Figuren zu nutzen.
- vorgegebene Figuren auf dem Geobrett zu spiegeln und die gespiegelten Ergebnisse selbstständig zu überprüfen.
- ihre Vorgehensweise und Überlegungen zu dokumentieren und ihren Mitschülern/-innen darzulegen.
- Vorerfahrungen mit ebenen Figuren einzubringen.

Auf der Ebene der Individualerfahrungen
Jede/r SchülerIn hat die Chance,
- zeichnerische und praktische Fähigkeiten auszubauen (Umgang mit dem Lineal).
- ihr räumliches Vorstellungsvermögen zu schulen.
- nach seinem/ ihrem individuellem Lernniveau zu arbeiten und zu entdecken.
- sich mit Hilfe des „Wortspeichers" in mathematischer Fachsprache auszudrücken.
- Freude und Neugier an der Lernaufgabe zu entwickeln.
- selbstständiges Arbeiten zu erproben.

Auf der Ebene der Sozialerfahrungen
Die SuS haben die Chance,
- aus Ideen und Erfahrungen anderer Kinder zu lernen.
- eigene Erfahrungen und Ideen in der Klassengemeinschaft zu kommunizieren.
- in der Partnerarbeit ihre Kooperations- und Kommunikationsfähigkeiten zu schulen.
- zuzuhören und Rücksicht auf andere zu nehmen.
- sich in der Reflexionsphase über Gelungenes und nicht Gelungenes auszutauschen.

❖ Sachinformationen zur Stunde / Fachdidaktische Analyse / Analyse der Lernaufgabe

Symmetrie ist ein wesentlicher Bestandteil unserer Umwelt und begegnet uns jeden Tag (z.B. die Symmetrie am eigenen Körper). Darüber hinaus ist Symmetrie von zentraler Bedeutung für unser räumliches Vorstellungs- und Gliederungsvermögen. Eine symmetrische Anordnung wird vom Gehirn schneller analysiert und gespeichert als Asymmetrie. Zudem dienen symmetrische Objekte meist einer Zweckmäßigkeit (z.B. dient die Körpersymmetrie dem Gleichgewicht). Das Erkennen und Verstehen der charakteristischen Merkmale und der Funktionalität symmetrischer Figuren und Objekte leistet somit einen bedeutsamen Beitrag zur Umwelterschließung der SuS (vgl. Radatz u. Rickmeyer 1991, S.81).

In dieser Unterrichtsstunde wird das **5 x 5 Geobrett** zur Thematisierung achsensymmetrischer Figuren im Unterricht eingesetzt. Das Geobrett ist ein verbreitetes Arbeitsmittel im Geometrieunterricht und besteht aus einem quadratischen Brettchen sowie einem quadratischen Gitter aus Nägeln. Auf diesem Brettchen können mit verschiedenfarbigen Gummibändern geometrische Figuren gespannt und hinsichtlich ihrer Eigenschaften untersucht werden. Es eignet sich zur handlungsorientierten Auseinandersetzung mit geometrischen Formen und ihrer Spiegelung, da die SuS mit einfachen Mitteln selbst verschiedene Figuren aufspannen und somit nachvollziehen können.

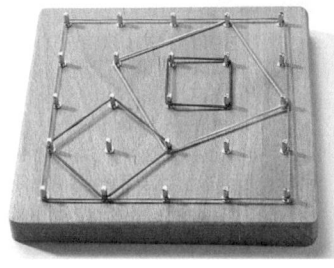

Abb.1: 5x5 Holz-Geobrett (vgl. Rittel)

Zudem schult der Umgang mit dem Geobrett die motorische Koordination und visuelle Wahrnehmung. Weiterhin eignet sich das Geobrett dazu, Kinder innerhalb einer Klasse interaktiv zusammenzubringen, da sie auch gemeinsam Aufgaben lösen oder sich gegenseitig Hilfestellung leisten können (vgl. Senftleben 2001, S. 4).

Ziel ist es, das Erkennen von Symmetrie und Lagebeziehungen mit Hilfe des Geobretts zu fördern, indem die SuS vorgegebene Figuren spiegeln und ihre Vorgehensweise dabei beschreiben können.

Als Einstieg der Stunde werden die Eigenschaften von Symmetrie an einem Beispiel wiederholt (entspricht dem Anforderungsbereich I: Reproduzieren).

Die SuS bekommen in der ersten Arbeitsphase die Aufgabe eine vorgegebene Figur[2] auf ihr eigenes Geobrett zu spiegeln. Dabei wird im Plenum die Lernaufgabe besprochen und die Lage der Symmetrieachse geklärt. Die vorgegebene Figur entspricht einer, den SuS bekannten geometrischen Grundformen und lenkt somit die Herausforderung dieser Aufgabe auf die Beschreibung der Vorgehensweise beim Spiegeln. Darüber hinaus können hier verschiedene Vorgehensweisen beschrieben werden, die zudem gemäß der individuellen Kompetenz im Bereich des Darstellen/ Kommunizieren der SuS notiert werden können. SuS, die Schwierigkeiten haben ihre Entdeckungen zu verbalisieren, können hierbei auch Zeichnungen nutzen, um ihnen einen anderen Darstellungszugang zu ermöglichen (vgl. Nowack 2012, S. 4). Für schnell arbeitende SuS gibt es den Auftrag, dem Partner/ bzw. dem Gruppentisch zu helfen, oder sich mit anderen fertigen SuS über die

---

[2] s. Anhang: AB „Spiegeln am Geobrett"

Vorgehensweise beim Spiegeln auszutauschen (entspricht dem Anforderungsbereich III: Verallgemeinern und Reflektieren).

In der Zwischenreflexion werden „Tipps" für die Vorgehensweise beim Spiegeln auf dem Geobrett gesammelt. Dabei haben die SuS auch die Möglichkeit, neben der rein verbalen Äußerung, ihre Entdeckungen an einem Beispiel zu veranschaulichen (vgl. ebd.). Die genannten „Tipps" werden in Form von Stichpunkten an der Tafel festgehalten[3], um das Verständnis dieser zu erleichtern.

In der zweiten Arbeitsphase erhalten die SuS in Partnerarbeit den Arbeitsauftrag (visualisiert an der Tafel), eine vom Partner vorgegebene Figur auf dem Geobrett, mit Anwendung der „Tipps" auf das zweite Geobrett zu spiegeln. Im Hinblick auf den fachdidaktischen Grundsatz „Kenntnisse, Fertigkeiten und Fähigkeiten werden im Mathematikunterricht durch entdeckendes, anschauliches und handlungsorientiertes Lernen erworben" (Radatz u. Rickmeyer 1991, S. 144), sollen die SuS durch probierendes Spannen oder Nachspannen von Figuren am Geobrett, Symmetrieeigenschaften erkennen und überprüfen. Die selbstständige Auseinandersetzung mit dem Material in Partnerarbeit regt die SuS an, sich aktiv mit dem Unterrichtsgegenstand auseinanderzusetzen und sich gegenseitig zu unterstützen. Des Weiteren sollen die SuS einen sachgerechten Umgang mit Zeichengeräten lernen und einfache Figuren mit dem Lineal zeichnen können. Dies wird beim Übertragen der aufgespannten und gespiegelten Figuren vom Geobrett auf Arbeitsblätter (Punktefeld) unterstützt. Da die Figuren nicht vorgegeben sind, können die SuS den Schwierigkeitsgrad der zu spiegelnden Figuren selbst bestimmen. Die SuS, denen das Spiegeln leicht fällt, sollen komplexere Figuren mit zwei Gummibändern spiegeln. Ist ihnen diese Vorgehensweise auch schnell bekannt, können sie die Forscheraufgabe zum Thema „Spiegeln mit unterschiedlichen Symmetrieachsen"[4] bearbeiten (entspricht dem Anforderungsbereich II: Zusammenhänge herstellen).

Am Ende der Unterrichtsstunde findet eine gemeinsame Reflexion über verschiedene Vorgehensweisen und eventuellen Schwierigkeiten statt. Durch ein Wortspeicherplakat werden die SuS beim Anwenden mathematischer Fachsprache unterstützt. Außerdem erhalten die SuS die Gelegenheit ihre Zeichnungen auf dem Punktefeld der selbst erfundenen Figuren präsentieren zu können.

Die in den Stunden zuvor ermittelten Eigenschaften von Symmetrie werden im weiteren Verlauf der Unterrichtsreihe dafür genutzt, um achsensymmetrische Figuren und deren Symmetrieachse zu erkennen, sowie vorgegebene Figuren achsensymmetrisch zu spiegeln. Diese Aufgaben erfordern das mentale Operieren mit dem Geobrett, sodass die räumliche Vorstellungsfähigkeit und visuelle Wahrnehmungsfähigkeit der SuS beansprucht wird. Dabei werden ebenfalls die *inhaltsbezogenen Kompetenzen* des Bereichs „Raum und Form" mit dem Schwerpunkt „Symmetrie" angesprochen und gefestigt (vgl. MSW 2008, S.64). Die SuS dokumentieren zudem ihre Vorgehensweise beim Spiegeln am Geobrett und präsentieren sie ihren Mitschülern. Es werden verschiedene Vorgehensweisen und Begründungen dargestellt und reflektiert, demzufolge werden hier auch die *prozessbezogenen Kompetenzen* Darstellen/Kommunizieren und Argumentieren angesprochen und gefördert (vgl. ebd. S.60).

---

[3] s. Anhang: Tipp 1; Tipp 2
[4] s. Anhang: AB „Spiegeln mit unterschiedlichen Symmetrieachsen"

Erhebung der Lernvoraussetzungen für die konkrete Stunde

LERNANFORDERUNG	AKTUELLER LERNSTAND	HANDLUNGSKONSEQUENZEN
	in Bezug auf die Sache	
Bereich: Raum und Form Schwerpunkt: Ebene Figuren Die SuS stellen ebene Figuren her durch [...] Spannen auf dem Geobrett.	Die SuS können mit den Geobrettern Figuren spannen und diese auf ein AB übertragen. Zudem können sie gespannte und gezeichnete Figuren nachspannen.	Ich gehe davon aus, dass die SuS in der Stunde ihr Vorwissen über das Geobrett und über das Spiegeln anwenden und miteinander verknüpfen können.
Bereich: Raum und Form Schwerpunkt: Symmetrie Die SuS überprüfen einfache ebene Figuren auf Achsensymmetrie (z.B. mit dem Spiegel).[5]	Die SuS haben im Vorfeld mit Faltschnitten gearbeitet, geometrische Figuren auf dem Papier gespiegelt und kennen die wichtigsten Begriffe, wie Spiegelachse, Spiegelbild und Symmetrie. Sie wissen, dass Spiegelbilder mithilfe von Spiegeln überprüft werden können.	
	in Bezug auf Methoden und Medien	
Kommunizieren über Mathematik	SuS üben noch, sich über ihre Vorgehensweise und ihre Denkprozesse auszutauschen. **xxx** werden evtl. Probleme damit haben ihre Vorgehensweise beschreiben zu können. Sie haben Schwierigkeiten damit Begründungen zu finden und diese zu verbalisieren.	Sollten manche SuS es nicht schaffen, ihre Vorgehensweise festzuhalten, sollen sie sich Tipps für die anderen Kinder überlegen, wie sie leichter ein Spiegelbild spannen können. Somit kommen die SuS ihrem Lösungsweg näher.
Arbeitsmethode(n) des konkreten Lernbereichs		

---

[5] vgl. Richtlinien und Lehrpläne für die Grundschule in Nordrhein-Westfalen, 1. Auflage. Ritterbach Verlag, Frechen, 2008. S. 64

in Bezug auf Basiskompetenzen

soziale Kompetenz	• Partnerarbeit	Es fällt manchen SuS noch schwer sich auf die Partnerarbeit einzulassen und die Aufgabe im gemeinsamen Austausch zu bearbeiten.	Feste Partner für die Zeit der Unterrichtsreihe sollen den Kindern Orientierung geben. Die motivierenden Lernaufgaben, welche zum Austausch anregen sollen, können zusätzlich dazu beitragen, die Partnerarbeit zu unterstützen.
	• Kommunikationsfähigkeit im Sitzkreis	xxx beteiligen sich regelmäßig an Klassengesprächen und tragen diese durch anregende Beiträge.	Ich denke, dass die meisten SuS eine angemessene Reflexion ihrer Vorgehensweise leisten können, auf eigene Vorerfahrungen zurückzugreifen, und diese im Klassengespräch äußern können.
		xxx beteiligen sich kaum an Unterrichtsgesprächen.	Ich werde sie besonders im Blick haben um wahrzunehmen, ob sie, auch wenn sie sich nicht verbal beteiligen, aktiv mitdenken.
		xxx lassen sich gerne während Klassengesprächen ablenken und können somit nicht mehr zuhören oder mitarbeiten.	Im Sitzkreis haben alle Beteiligten die Möglichkeit Augenkontakt zu haben. Somit kann ich schnell reagieren und versuchen die SuS wieder in das Gespräch einzubinden, wenn sie abgelenkt sind.

personale Kompetenz	• Arbeits- und Leistungsverhalten	**xxx** hat Probleme, sich auf Lernaufgaben im Allgemeinen einzulassen. Sie neigt dazu bei komplizierten Aufgaben schnell aufzugeben und sich mit etwas anderem zu beschäftigen oder andere Mitschüler abzulenken. **xxx** haben ein sehr langsames Arbeitstempo.	Durch den handlungsorientierte Anreiz wird sie motiviert die Lernaufgabe lösen zu wollen. Sollte es dennoch dazu kommen, dass sie sich überfordert fühlt, wird sie durch den Partner unterstützt. Sie müssen bei Einzelarbeit regelmäßig an ihre Lernaufgabe erinnert werden.
Sprache und Sprechen	• Wortschatz	**xxx** sind sehr zurückhaltend und formulieren selten ganze Sätze.	Wortspeicherplakat wird an die Tafel gehängt und dient als Unterstützung im Umgang mit mathematischen Fachbegriffen.

❖ Besondere Informationen zur Lerngruppe

Symmetrie ist den SuS bisher nicht nur in ihrer Umwelt begegnet, sondern auch beim Herstellen symmetrischer Figuren durch Schneiden, Falten oder Legen. Die vorliegende Unterrichtsreihe knüpft an die Vorerfahrungen der SuS zum Thema Symmetrie an und erweitert diese. Der Umgang mit dem Geobrett war für die SuS bisher unbekannt und ist zum ersten Mal im Rahmen dieser Unterrichtsreihe erfolgt. Die SuS zeigen oft noch Schwierigkeiten dabei Denkprozesse und Vorgehensweisen angemessen und nachvollziehbar darzustellen.

❖ Darstellung des Unterrichtsverlaufes

Methodische Entscheidungen	Begründung
Anknüpfen an die letzte Unterrichtsstunde	Die SuS sollen die Eigenschaften von Achsensymmetrie wiederholen, um ihr Vorwissen zu aktivieren.
Vorstellung des Stundenthemas und des Stundenverlaufs	Die SuS haben die Möglichkeit sich der Zielsetzung der Unterrichtsstunde bewusst zu werden.
SuS bekommen an der Tafel eine gespannte Figur gezeigt und erfahren, dass sie auf ihrem Geobrett in Einzelarbeit das Spiegelbild spannen sollen. • Wo ist die Symmetrieachse? • AB mit der gespannten Figur	Der Arbeitsauftrag wird an der Tafel visualisiert und dient als Merkhilfe für die Transformation. Das Benennen der Spiegelachse knüpft an die vorangegangene Stunde an und soll eine Hilfestellung zum Arbeitsauftrag bieten.
Die SuS sollen ihren Weg, wie sie gespiegelt haben aufschreiben und daraus Tipps für andere Mitschüler entnehmen.	Die Lernaufgabe wird vorgestellt, Fragen und Unsicherheiten können geklärt werden.
Zwischenreflexion: • Wie hast du gespiegelt? • Welche Tipps hast du? • Wie kannst du deine Ergebnisse überprüfen?	Somit bekommen SuS, die beim Spiegeln Schwierigkeiten hatten, verschiedene „Tipps", die sie für die folgenden Aufgaben nutzen und erproben können. Die anderen SuS bekommen eine Rückmeldung, dass sie auf dem richtigen Weg sind und diesen nun üben können. SuS bekommen so die Möglichkeit, ihre Ergebnisse selbstständig zu überprüfen und können von den anderen SuS Ideen übernehmen.
Arbeitsphase in Partnerarbeit Ein Mitschüler gibt eine Figur auf dem Geobrett vor, während der Partner mit Anwendung der „Tipps" die Figur auf das eigene Geobrett spiegelt. Forscheraufgabe: Spiegeln mit unterschiedlichen Symmetrieachsen	SuS üben gemeinsam das Spiegeln auf dem Geobrett und können sich so gegenseitig unterstützen. Schnelle SuS haben die Chance an einer komplexeren Aufgabe zu arbeiten, welche mit dem Inhalt der nächsten Unterrichtsstunde verknüpft ist.
Reflexion über Vorgehensweise im Sitzkreis • Hast du die Tipps anwenden können? • Wo hattest du Schwierigkeiten?	Kinder werden nicht mehr durch die Arbeitsmaterialien auf dem Tisch abgelenkt und können sich bewusst auf die Reflexion konzentrieren. Die SuS erhalten so die Gelegenheit ihre Vorgehensweise, die sie beim Spiegeln benutzt haben zu reflektieren.
Ausblick auf die nächste Unterrichtsstunde: Am eigenen Geobrett unterschiedliche Symmetrieachsen finden.	Den SuS soll eine Verlaufstransparenz deutlich werden, um in der nächsten Unterrichtsstunde an dieser anknüpfen können.

❖ Lernkomponenten

Initiation	Orientierung
• Auf dem Geobrett an der Tafel ist eine Figur gespannt, diese sollen die Kinder spiegeln (Figur bekommen die Kinder auch auf einem AB)	• Zieltransparenz (Themenleine) • Verlaufstransparenz (Stundenverlauf an der Tafel) • Wortspeicherplakat • klare Arbeitsanweisungen • AB: Spiegeln am Geobrett • vorgegebene Partnerarbeit an der Tafel • akustisches Signal zum Phasenwechsel

Integration

Die SuS bringen folgende Vorerfahrung mit:

- mit dem Geobrett umgehen (geometrische Figuren spannen und diese auf ein Arbeitsblatt übertragen)
- Bewegungsabläufe des Spannens auf dem Geobrett umsetzen → gesehene Vorlagen nachspannen
- Vorgehensweisen beschreiben
- kennen die wichtigsten Merkmale des Spiegelns → Symmetrie, Spiegelachse, Spiegelbild
- ihr räumliches Darstellungsvermögen erweitern

Transformation	Reflexion/Präsentation
• Spiegel die Figur vom großen Geobrett auf deinem Geobrett. Notiere Tipps für die anderen Kinder, wie du vorgegangen bist. • Wie kannst du dein Ergebnis überprüfen? • PA: 1. Kind spannt eine geometrische Figur auf seinem Geobrett, 2. Kind spiegelt diese Figur auf seinem Geobrett. Kinder überprüfen ihre Ergebnisse selbstständig.	• Zwischenreflexion: Wie hast du gespiegelt? Welche Tipps kannst du den anderen Kindern geben? Wie kannst du dein Ergebnis überprüfen? • Stundenreflexion: Sitzkreis: Wie hast du arbeiten können? Sind Probleme beim Spiegeln oder bei der Überprüfung aufgetreten? Hast du die Tipps der Kinder anwenden können? Geobrett mit gespannter Figur wird in die Mitte gelegt, 1 Kind soll diese spiegeln. Worauf muss es achten?

❖ Quellennachweis

Franke, M. (2007): *Didaktik der Geometrie in der Grundschule* (2. Aufl.). Heidelberg: Spektrum Akademischer Verlag.

Ministerium für Schule und Weiterbildung Nordrhein-Westfalens (2008): Lehrplan Mathematik. In: *Richtlinien und Lehrpläne für die Grundschule in Nordrhein-Westfalen*. Online im Internet: http://www.standardsicherung.schulministerium.nrw.de/lehrplaene/upload/klp_gs/LP_GS_2008.pdf (Abruf am 15.09.2014).

Nowack, J. (2012): *Pik As - Unterrichtsmaterial zu Raum und Form*. Online im Internet: http://pikas.dzlm.de/material- pik/herausfordernde-lernangebote/haus-7-unterrichtsmaterial/faltschnitte/faltschnitte.html (Abruf am 10.09.2014, 15:00 Uhr)

Radatz, H. & Rickmeyer, K. (1991): *Handbuch für den Geometrieunterricht an Grundschulen*. Hannover: Schroedel Schulbuchverlag.

Rittel, F. : *Geobretter* – Rittel Verlag. Online im Internet: http://www.rittel-verlag.de/Geobrett-5x5-Klassensatz (Abruf am 25.09.2014, 18:50 Uhr)

Senftleben, H. (2001): *Aufgabensammlung für das große Geobrett*. Rittel-Verlag

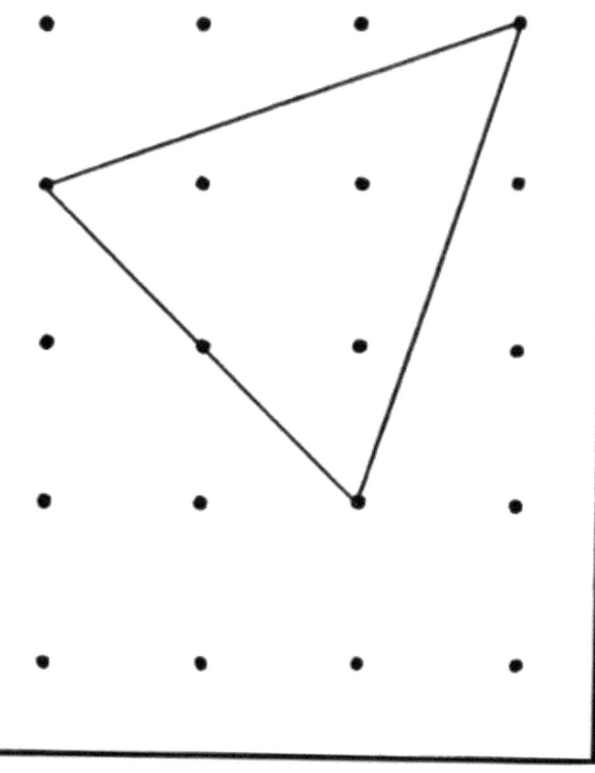

AB: Spiegeln auf dem Geobrett

1. Spiegel die Figur auf dein Geobrett.

2. Wie hast du gespiegelt?
Beschreibe dabei jeden Schritt wie du vorgegangen bist!

Forscheraufgabe

Lege die Symmetrieachse um und spiegel weitere Figuren abwechselnd in Partnerarbeit.

Tipp 1

→ Zähle die Nägel, die das Gummi umspannt (von der Symmetrieachse ausgehend).

Tipp 2

→ Nimm dir einen Spiegel und halte ihn an die Symmetrieachse. Nun kannst du sehen, wie die Figur aussehen muss.

BEI GRIN MACHT SICH IHR WISSEN BEZAHLT

- Wir veröffentlichen Ihre Hausarbeit, Bachelor- und Masterarbeit

- Ihr eigenes eBook und Buch - weltweit in allen wichtigen Shops

- Verdienen Sie an jedem Verkauf

Jetzt bei www.GRIN.com hochladen und kostenlos publizieren